住进时光里的家

温暖人心的
复古家居设计

日本株式会社　X-Knowledge ———— 编著

龙亚琳 ———— 译

U0285254

CREATE A
VINTAGE
HOME

全国百佳图书出版单位

化学工业出版社

CREATE A VINTAGE ROOM

©X-Knowledge Co., Ltd. 2016

Originally published in Japan in 2016 by X-Knowledge Co., Ltd.

Chinese (in simplified character only) translation rights arranged with X-Knowledge Co., Ltd. TOKYO, through g-Agency Co., Ltd, TOKYO.

北京市版权局著作权合同登记号：01-2021-1682

图书在版编目（CIP）数据

住进时光里的家：温暖人心的复古家居设计 / 日本
株式会社 X-Knowledge 编著；龙亚琳译. —北京：化学
工业出版社，2021.6
ISBN 978-7-122-38854-4

Ⅰ．①住… Ⅱ．①日… ②龙… Ⅲ．①住宅—室内装
饰设计 Ⅳ．①TU241

中国版本图书馆 CIP 数据核字（2021）第 058576 号

责任编辑：孙梅戈　　　　　　　装帧设计：对白设计
责任校对：边　涛

出版发行：化学工业出版社（北京市东城区青年湖南街 13 号　邮政编码 100011）
印　　装：北京华联印刷有限公司
787mm×1092mm　1/16　印张 8　字数 200 千字　2021 年 7 月北京第 1 版第 1 次印刷

购书咨询：010-64518888　售后服务：010-64518899
网　　址：http://www.cip.com.cn
凡购买本书，如有缺损质量问题，本社销售中心负责调换。

定　　价：78.00 元　　　　　　　　　　　　版权所有　违者必究

如今，生活在都市的人们，常常向往那种年代久远，沧桑美与手工制作的独特美感并存的独具复古情怀的房间。

那些复古的样式与纯手工制作的温度，甚至是斑驳的锈迹上带有的岁月感，通通都变成了独到的韵味，有着不可思议的魅力。

现在，许多旧物已成为古董，无法轻易获得。好在我们可以通过DIY制作，花费心思去打造自己想要的家具，或是将自家原本的旧物换新颜，再现那个值得憧憬的时代的气氛。

本书除收录十四位造屋达人的家外，还造访了专业的造园巧匠，向他们请教了阅读后能立刻上手的技巧，教大家如何让室内室外都充满复古气息。

而对于如何让居室统一协调，怎样挑选家具等实际的问题，书中也都进行了详细分析。

在复古风格的家里，一面度日，一面思忖着匠人们所制作的物件，感受亲手制作的物件所历经的岁月。天长日久，对时光的珍惜也会不自觉地寄寓到每一日的生活之中。

目 录

◆

Room 01

1   酷感十足的咖啡馆风格房间

Room 02

9   匠人工作室般的房间

Room 03

17   与花朵同眠的房间

Room 04

25   美式复古风的房间

Room 05

37   自然咖啡馆风的房间

Room 06

45   海外公寓式的房间

Room 07

53   工业复古风的房间

Room 08

61   旧商店一般的房间

Room 09

75   英式复古风的房间

Room **10**

83 怀旧的六口之家的房间

Room **11**

91 美国海岸风的房间

Room **12**

99 充满绿植的DIY房间

Room **13**

111 古老乡村风的房间

Room **14**

115 与古器具相伴的房间

33 （专栏1）极具装饰性的家具与杂货清单

69 （专栏2）阳台花园入门

105 （专栏3）家具翻新与DIY的技巧

118 （专栏4）收纳的秘诀

52 （迷你专栏1）装饰绿植的技巧

60 （迷你专栏2）用印刷体文字装饰房间

104 （迷你专栏3）杂货陈列的诀窍

◆

日文版制作人员

装帧设计 / 坂舞银 阿部文香（井上则人设计事务所）

共同制作 / 筱崎亮

编辑 / 静内二叶

印刷公司 / 图书印刷有限公司

Room 01

酷感十足的
咖啡馆
风格房间

简介 由比木的家

只有经营服装生意的由比木，才会打造出这样既充满怀旧之情，又让人心情舒畅的旧咖啡馆式房间。他在房间内灵活运用了自己收集的古玩，将古风小物与时髦杂货混搭在一起，还坚持用自己擅长的DIY，制作了不少心仪的家具。

地点 福冈县

Room 01

让房间更加敞亮的秘诀 : 铁艺细腿家具

以复古家具的灰色与茶色为基调，点缀绿色观叶植物

"能自己做的我都做了"，以"家具基本都由自己制作"为宗旨的由比木先生这样骄傲地说。尤其是客厅，因为亲自参与制作，所以显得格外用心。"将喜欢的东西排列于此，就会成为理想的房间。"诚如此言，以灰色和棕色为基调的客厅，营造出恰到好处的年代感。摆放的黑白两色的日用杂货，让房间视觉上充满张弛感，绿植则成为效果极佳的点缀。

实际上，厨房与客厅之间本没有餐厅。但房主无论如何都想有一个专门的用餐区，所以对房间一角进行了改造。他通过手工制作，将理想的房间变成了现实。

01

客厅·餐厅
LIVING & DINING

用具有年代感的长桌
打造专属用餐空间

02

\Nice Idea!/

日用杂货统一选用
白与黑两色，自然
地赋予房间明暗变
化，营造出一种张
弛感。相框的装饰
品非常吸引眼球，
让人印象深刻。

01　带细腿的家具，让视觉变得更宽敞

　　使用有着华丽感的铁艺腿部的家具，在视觉上，地
板面积会增大，房间也会随之看上去更宽敞。铁艺
与朴素的氛围也十分协调。

02　用桌子分隔空间，打造安心的用餐区域

　　在客厅尽头处放置细长的方形桌子，便可以打造出
一个专门的餐厅区域。用餐时还能一边欣赏着自己
喜欢的客厅。

看看内部
←---

墙壁上挂有多个时钟。
功能性的装饰物增强
了工业风的氛围。

在ACME Furniture
购入的沙发，皮质手
感与房间十分协调。

01

02

厨房

KITCHEN

01 **充满生活感的开放式橱柜**

在厨房与餐厅之间放置了展示性的柜子。让厨房的生活感一览无遗的同时，也发挥着掩藏和收纳的功能。

02 **用黑色贴纸给调味料分类，打造出复古的咖啡馆风格**

使用黑色贴纸，为开放式展柜上的调味料贴标签。营造出的艺术氛围削弱了杂乱的气息。

用老木材翻新厨房
营造年代感

03 统一使用黑色厨具，增加帅气感

把厨房用具挂在炉灶附近，烹饪时容易取用。将颜色统一为黑色，看上去也非常时尚。

04 光是拿着就有模有样的钢制厨具

不使用塑料制，而选用木制或者钢制的厨具，不仅好看而且非常耐用。

05 用喜欢的餐具装点餐厅

从餐厅一侧看去，展柜的样子一览无遗。因为是开放式收纳，所以严格选用喜欢的餐具放置在这里。

看看内部
- - - - →

充满锈迹感的铁皮箱摆成一道风景，同时也是必不可少的收纳用品。

在钢管与木材制作而成的架子上摆放餐具作为装饰，同时便于取用。

05

选择钢制餐具，无论是悬挂还是摆放，都与室内装饰十分相衬。

\Nice Idea!/

餐桌的器皿统一使用黑白两种色。不仅与房间整体色调统一，摆放在餐桌上也很有格调。用色彩单调的食器衬托食物的色彩，看上去会更加美味，让人心情愉悦。

玄关
ENTRANCE

复古的玄关用白色和黑色的小物件增加对比

01

02

03

带有文字装饰的杂货与绿植是绝佳搭配。将引人注目的绿植摆放在书本等物品旁边，只要注意颜色的搭配就能成为出色的装饰。

01 **回家便觉得安心，暖意十足的古老物件**

进入玄关，率先映入眼帘的就是玄关架子上陈列的心仪老物件。看见它们，"已经回家了"的情绪便油然而生，让人安心。

02 **将让人印象深刻的海报挂在显眼位置**

在玄关尽头较高的位置挂上海报。单色调的老物件在其衬托下更引人注目。

03 **将每天使用的物品挂于墙壁上，仿佛商店的展示**

将帽子和围巾等日常使用的东西，随意地放置于木制挂钩上，立刻变身商店风的装饰品。

01

02

03

卧室
BEDROOM

用韵味十足的家具
打造舒适放松的卧室

01　用随意放置也不显凌乱的篮筐做收纳

在毛毯、睡衣等物品容易散乱的卧室里，用随意放置也很好看的篮筐来做收纳十分有用。

02　选择不遮挡墙壁的挂物架，打造开放感

房主选用完全不遮挡墙壁的挂物架，恰到好处地营造出开放感。它与怀旧感十足的杂货装饰品搭配起来毫无违和感。

03　恰到好处的粗犷风杂志架

用煤气管组装而成的金属杂志架是房主DIY制作的。虽然只是一个小小的架子，却能让房间瞬间拥有工业风气氛。

01

02

03

卫生间内统一使用时髦的铁丝制陈设

01 用木框包住镜子四周，打造漂亮的古老酒店风

在洗面台四周包裹深色木制框架，与纯白色水槽形成对比，营造张弛感。只需花一点小心思，就能让这里格调十足。

02 古旧的灯具与杂货装饰简洁的厕所

用裸灯泡吊灯与铁丝制成的置物架构造出一个具有艺术风格、秘密基地般的私密空间。暗色调的深蓝色墙壁也是不错的选择。

03 透气性良好的铁丝置物架是首选收纳

简洁的铁丝制置物架，最适合作为需要良好透气性的卫生间收纳。因为不会遮挡其他室内装饰，所以能多个一起使用。

Room 02 ◆

匠人工作室般
的房间

简介 长谷川真由美的家

　　这是一个温暖的木材、旧钢铁与铁艺室内装饰共存
的空间。穿过玄关后，日式、法式的怀旧元素共同组成
的复古之家便登场了。在这里跟迷你腊肠犬玩耍，再做
做园艺度日，可谓是连日常琐事也戏剧感十足的绝妙
空间。

地点 东京都

Room 02

在旧物酝酿的冷峻气氛中，用些许红色作点睛之笔

将买到的锈迹斑驳的旧物，直接用作装饰道具

　　平日从事箱包、围裙制作的长谷川的家，实用性与童心并存，让人感受到创造的乐趣。不让房间显得狭窄的窍门，是尽量少使用大件家具，选用可折叠式的椅子与桌子。心仪的长椅与整套家具都是精心挑选而来，让人印象深刻的金属箱子聚拢一处堆放，箱内还可以收纳换季物品。

　　带有视线延伸感的浅柜与复古大门作为隔断，将连接庭院的客厅与其他房间区分开来，因为柜子顶部没有与天花板连接，所以不会让人觉得局促，这也是一大优点。

　　在居室的四周摆满喜欢的古道具与充满韵味的生活杂货，将这里打造成可以慵懒度日的场所。

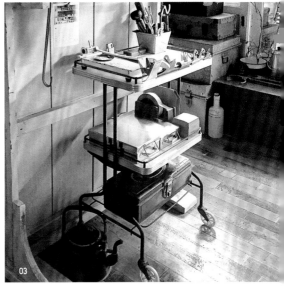

客厅
LIVING ROOM

深蓝色的椅子是乘
务员使用过的旧
物。除此之外，还
有好些设计各异的
折叠椅，不用时将
其收起来，生活空
间能变得更宽敞。

用装饰效果突出的小物件
为木质氛围赋予个性

01 将墙壁涂饰成黑板，营造印象
深刻的庄重感

房间里设置有黑板一样的背景墙壁，
给人留下了深刻的印象。天花板上挂
有彩旗，黑板侧面装饰着带有大刻度
的水位标。

02 将复古门的反面活用为置
物架

用喜欢的浅灰色涂刷复古门的反
面一侧。精心挑选的花盆摆放于
门扇前，打造出一个赏心悦目的
空间。

03 从理发师那里得到的，带
铁制脚的小型手推车

房主自己很喜欢小型手推车的铁
制脚和车轮。推车的最上面一层
整齐漂亮地摆放着工作中常用的
工具，拿取十分方便。

客厅 《《《

04 灯具也可以作为装饰，亮度不同的灯光相互搭配

在自然光的基础上，配置存在感较强的台灯和裸灯泡。虽然造型朴素，但也有着不错的照明效果。

05 干枯茶色的复古植物角落

颜色紫黑的葡萄藤实际上是仿真植物。与旧的农具摆放一起，营造出浓浓的复古基调。

06 设计各异的旧旅行箱作为收纳容器

房间内四处放置的箱子并不单单选择金属的，购买时也有意挑选了各式各样的设计细节。

餐厅·厨房
DINING & KITCHEN

料理器具统一选择银色
黑白色的基调将厨房打造成老式料理场

01

02

01 统一使用金属制厨房用品装饰桌面

推荐使用铝制与白铁皮材质的器具，让厨房用具拥有复古风。

02 给铝制调味罐贴上带图案的标签，营造复古的咖啡馆风

在银色与黑白灰色调搭配的厨房里，若装饰印有英文的印刷贴纸，也会给人留下出色的印象。

\Nice Idea!/

使用旧的商店招牌装饰厨房也是乐趣之一。在空白处点缀印刷体的文字，就能打造出一个漂亮的厨房。

桌面上摆放着日式风格的桌面秤。

看看内部
←---

用咖啡馆风的红茶盒收纳厨房小物。

餐厅·厨房

《《《

04 配色美丽的马赛克砧板是角落的亮点

在木制抽屉与给人留下时髦印象的银色金属盒子前，色彩斑斓的砧板成为点睛之笔。实用的物件，也可以有装饰效果。

05 铝质与白铁皮材质的物件让收纳架颇具工业风

带有滑轮的橡木架让人印象深刻。架子不仅能将零碎小物件排列得整齐漂亮，作为开放式收纳，也便于取用。

06 在展会上买到的韵味十足的古器具

在室内设计的展会会场，不经意地发掘了这里的木质行李箱等物品。铁制的物品可以用涂蜡的方式进行保养。

花园
GARDEN

用锈迹斑驳的复古物件
点缀庭院与阳台

01 **带有锈迹、韵味十足的镰刀成为点睛之笔**

锈迹斑驳、废品艺术般的园艺用品韵味十足。有着使用痕迹的金属道具装饰效果很强。

02 **将照料庭院的器具放在窗边，成为一道风景线**

窗边的绿植与庭院连成一体，营造出整体感。将工具等随意地放置，看上去也像装饰品。

03 **日式庭院改造后，搭配欧美风的装饰**

花匠制作的凉亭上挂着提灯，平日使用的是LED光源。这是一个绿意四溢的美丽空间，让人完全想不到是租来的住处。

天门冬与铁制喷壶。

以景天为主的多肉植物很健壮，易于养护。

冗带有浮雕的花砖作为室外用品的柜门。

看看内部
←---

工作室
ATELIER

为了能集中精力工作，打造实用风格的工作室

01　03

01 给人留下旧车站印象的工作室

在工作室一角，用有个性的椅子和身高测量仪打造老车站售票室主题。带有数字的靠垫也是心爱之物。

02 剥下壁纸，打造工业风的仓库感

在剥下壁纸的墙壁上，挂着工作中制作围裙使用的布料。这个工作室里还放有墨水与尺子等。

03 日常使用的物品收纳在铁制小推车里，便于取用

可以手提的收纳盒中收纳着刺绣用的线。经常更换其中物件也是一种乐趣。

Nice Idea!

铁皮的行李箱是打造复古风格的秘诀。将它们堆叠放置，不仅能用作装饰，还能根据尺寸合理安排收纳的物品。

Room 03

与花朵同眠的房间

简介 山崎祥子的家

　　这是一间洁白、简约、有着心仪家具的美丽居所。山崎的房间被繁花绿草所包围，却并不过于散漫，处处尽显平静。家具与杂货等都以怀旧和复古为主。经常使用的器具所拥有的独特气氛，让这个没有多余物品的简洁房间韵味十足。

地点 大分县

Room 03

简洁的白色搭配旧物，享受有绿植与鲜花的宁静生活

将家具紧密摆放，创造舒适沉静的氛围

在经常使用的焦糖色家具上，摆放着白色珐琅花器。山崎的家纯白而简洁，整理得干净爽快。老旧质感的家具或是从别人手中转让过来，或是由自己手工制作。山崎平日秉持着不超出自己能力范围的生活，不乱花费金钱。这种简单的生活方式也映射到了房间的布置上。

她的理想生活是身边总有植物，所以鲜花必不可少。原则上不使用五颜六色的插花，用两种左右同色系的鲜花控制色彩，花瓶也选用简洁的样式，以维持场景的平衡。

购入的淡青色电灯与奶油绿色的暖炉都是有年代感的古器具。岁月流逝留下的韵味，对打造安静气氛的空间起着一定作用，这也正是购买它们的理由。

陈旧却质感优良，统一选用自然风格的老家具

01 **生活的各个角落，都摆放着应季鲜花**

在居室里摆放生机勃勃的花朵，简约的房间瞬间变明亮了。搭配的容器也不拘泥于花器，在小瓶子与餐具中，花朵也能茁壮成长。

02 **只购买心仪的老家具，静待与之相遇的一天**

在市场上邂逅的奶油绿色的阿拉丁式暖炉。与老家具的相遇，每一件都仿佛是一生一次的缘分。

03 **简约基调的房间，才能衬托出旧家具的光彩**

统一室内装饰的色调，因为只有房间够简约，奶油色与棕色的家电和装饰才够引人注目。

餐厅·厨房
DINING & KITCHEN

带有清洁感却不显散漫的白色，营造沉淀之美的厨房

01 **选用白色家电与编织感的篮式收纳**

在重视清洁感的厨房里，选用朴素的白色家电和天然素材的收纳篮，看上去十分清爽。

02 **丈夫亲手制作的复古砧板**

造型适合手掌抓握的砧板，是丈夫将木材一片片削制而成的。砧板上细致的磨切凹槽体现出男主人的用心。

03 **餐桌上摆放繁茂的插花**

在光线较弱的中央位置，摆上繁茂的花束。色彩优雅内敛的浅绿色花束，既不喧宾夺主又引人注目，是最合适的选择。

看看内部 ←----

别致的抽屉柜是从网
上购入的。自己更换
过把手。

放置应季鲜花的固定
位置。在家中也能感
受到季节的流转。

Nice Idea!

山崎想让厨房
看上去清爽整
洁，所以不在台
面上摆放任何
东西。在一侧摆
上花束，能在家
务间隙小憩欣
赏一番。

04 **质量上乘的白色搪瓷是与
老家具搭配的万能选手**

白色搪瓷餐具，结实且不易被弄
脏，是与任意室内装饰都十分搭配
的万能选手。与木质器具的搭配尤
为出众。

05 **在家务较多的地方，摆一
张无扶手单人椅**

单人椅不仅能用来坐，还能用来
放置物品。右手边的餐具柜铺贴
有花砖和木板，用油漆重新涂饰
过后，成了自己的钟爱之物。

06 **用旧水壶充当粗糙质感的
花瓶**

在锈迹斑驳的旧水壶中，插上些
许颜色明亮的花束，四周的气氛
也随之变得惬意而安定。

玄关
ENTRANCE

利用简约的背景，让鲜花与旧家具成为主角

Nice Idea!

在庭院中放置了一块招牌。招牌上的名字是在锈迹斑驳的表面用特殊涂料写上去的。木制的架子则是丈夫原创设计并制作的。

01 摆放旧旅行箱与一朵简洁的应季鲜花

玄关一侧不堆放大量物品。在桌面上点缀透明的玻璃容器与一朵鲜花。旧旅行箱能承担收纳任务，有良好的实用性。

02 用复古的陶瓷挂钩固定帽子与包

为了外出时方便取用，会提前将用到的帽子与包挂在玄关的挂钩上。带有陶瓷挂头的铁艺挂钩，与简洁的氛围十分协调。

03 让鲜花浮在水面上，成为漂亮的艺术品

将正在绽放中的鲜花装饰于水面，营造出微妙场景。不仅能创造一种凉爽的透明感，还能尽享鲜切花带来的乐趣。

04

04 用少量花束点缀小号花瓶

与其使用大量插花，不如只选用一朵花作为主角，不会干扰室内装饰。散落的少许花瓣，也能营造出戏剧般的一角。

05 像艺术品一样摆放充满故事的老家具

山崎一直追求只需放在那里，就能成为一幅画的器具，购买的扫帚正是如此。生活中的小物件也能成为装饰的一部分。

06 统一色调是鲜花装饰的窍门

统一的色调能够控制气氛。利用旧家具的岁月感，将它打造成一个能衬托鲜花之美的舞台。

05

看看内部 ----→

玄关前的凳子上，摆放蓝色的提灯，插上绿植后，形成了与屋内连接的过渡区域。

挂在庭院前的洒水壶有着绝妙的质感。站在它前方的一瞬，复古气息便扑面而来。

铁皮质地的邮箱上方垂挂着蔷薇的枝条。因为经常使用，生出让人心安的锈迹。

06

花园
GARDEN

用复古感十足的旧物
打造一个绿意融融的庭院

Nice Idea!

建议喜爱阳台花园的人也选择一张长椅。这个与庭院十分契合的白色长椅已经有三年历史了，仍然非常结实。既可以坐下休息，又能摆放杂货，这也是购买它的初衷。

01 缠绕着藤蔓的凉亭也是园艺的一部分

在杉木制成的凉亭上，铺着透明树脂板材用于避雨。茂盛的藤蔓缠绕其上，置身其中仿佛进入幽深的森林。

02 老旧的椅子也能用作装饰

玄关入口处，摆放着迎接客人的鲜花。将鲜切花放入搪瓷容器中，任其在水面漂浮盛开，变成别致的艺术品。

03 手作的长椅，最适宜在这里虚度时光

复古的花园桌和手工制作的长椅是庭院最佳的搭配。天气好的时候，还能在这里享受咖啡馆式的午餐。

Room 04 ◆

美式复古风
的房间

简介 **智古的家**

　　设计顾问智古从很久以前开始，就对美式与欧式的室内设计十分有兴趣。在购入这所房龄十一年的老房子时，智古便想："希望将它变得更像自己家。"这应该就是开始DIY的契机了。接着便发挥这项个人喜好，让房间充满DIY的美式复古格调。

地点 **爱知县**

Room 04

用温暖的木作，打造牛仔般的美式房间

塑料材质也可以灵活利用，享受被绿意环绕的生活

智古的美式复古风房间看上去古老而高雅，木质的室内装饰让人印象深刻，是一所让人心情舒畅的房子。心仪的杂货并排摆放，每个物件都与房间浑然一体。

智古自己说，打造理想房间的秘诀，是果断在最初就决定好配色。"以木纹、黑、白、灰为基调，浅蓝色作为亮点。为了实现理想配色，重新翻

修了杂货与家具。"

不单是颜色，素材的质感也十分重要。因为使用了木、麻、毛线等天然素材，住在这里的舒适感也得到了大大提升。"当然，在某些地方，使用经过加工的塑料制品更为方便，要随机应变。"

让人心情舒畅的房间背后，有着智古特有的家居改造原则。

将浅蓝色作为亮点
让人联想起美国乡村的场景

客厅
LIVING ROOM

01 堆放小型搁架，装饰带有
印刷字的杂货

在一个角落里重叠放置几个木制
架子。摆放符合自己品位的物件，
表达着自己的生活观。

02 经常使用的喷雾器瓶，也
能变身为有年代感的小物

DIY可以解决装饰物和室内风格
不搭配的问题。即使是普通的杀
虫喷雾瓶，也能成为独特的装饰。

03 造型别致的多肉植物，适
合作为复古房间的亮点

空气凤梨和仿真绿植能够瞬间提
高家的格调。即使不经常打理也
没有问题。

餐厅·厨房
DINING & KITCHEN

◆

统一使用有年代感的木制品
打造杂货满满的餐厅

◆

01 用复古橱柜，让开放式的厨房变清爽

从餐厅望过去，厨房便出现在视野之中。杂物等不外放，看上去干净清爽，餐具也有着装饰作用。

02 选用木、麻、毛线等天然材质的家具

为了搭配木色调的餐厅，要统一厨房各个角落的素材质感。厨具的选择要同时兼顾经久耐用。

03 在日照不足的餐厅，灵活摆放仿真绿植

日照不足的空间里，不妨使用仿真绿植。"我最喜欢的仿真绿植商店是inazaurusu屋"。

04

看看内部

将体积较大的布艺类用品收纳在透气性较好的架子上。

从抽屉中"不经意"向外窥探的空气凤梨十分漂亮。

将金属餐具整理好放入容器中收集，有客人拜访时便于搬动。

05

06

Nice Idea!

用画框与蜡纸等搭配，让绿植变得与房间更协调。喜爱的杂货装饰着狭小空间，这也是房主智古特有的乐活态度。

04 放在合适的背景上，木板也能变成艺术品

在较为宽敞的地方，摆放印有喜爱语句的木板，营造出咖啡馆一隅的气氛。

05 装饰窗框，营造复古氛围

从餐厅能看到的这扇装饰窗户是DIY而成的。只需将普通窗户加上做旧的窗框，便能将房间氛围化为复古风。

06 用铁丝篮收纳小物，随意堆叠也好看

用铁丝篮收纳抹布、小盘子等物品，不仅方便取用，怀旧的生活气息也很讨人喜欢。

工作室
ATELIER

将原本的榻榻米房间
DIY改造成复古的工业风空间

01 铺上木甲板，房间的气氛骤变

最喜欢的地方还是这个原来的榻榻米房间，现在改造成了工作室。有视线延伸作用的木甲板，也是自己动手铺装的。

Nice Idea!

将清洁用具悬挂在墙壁上，成为工作室的一部分。选择大小几乎相同的物品，提升艺术感。能够立刻取用也是一大优点。

02 墙壁与地面都使用木材，营造统一感

墙壁、橱柜与家具都统一使用木材。房间的外面还制作了棚屋样的围墙，变身为适合室外工作的场所。

03 工具放入便于取用的开放式收纳架中

为了便于取用，将创作作品时使用的清漆等放置在开放式的收纳架中。因为一览无遗，所以一定要对包装进行重新修饰。

04 对买来的物品重新改造，变身复古手提箱

仿佛图书侧面粘上把手模样的文件收纳盒，实际上是用从商店买来的文件收纳盒改造而成的。

05 用自制标签，提升工作室氛围

在瓶子与铁艺篮子上贴上自制标签，用于整理琐碎小物。颇具工作室趣味的收纳架就完成了。

06 将看起来会变得凌乱的小物藏在抽屉里

比较小的物品收纳在抽屉中，能减少杂乱感。记住，相同的东西一定要放在同一层。

看看内部
←- - -

吊灯上的文字是房主的座右铭。

对商店买来的文件收纳盒进行了改造。

用方框细分墙壁收纳架，性能得到了提升。

玄关
ENTRANCE

01 在视线范围内摆放观叶植物，提升绿意

在进入玄关能立刻看见的正面位置摆放绿植，提升绿色的存在感。

02 伞架上也放置些许仿真绿植

两个木盒组合而成的沥水用伞架是DIY而成的。细节处的小心思让生活充满乐趣。

狭小的空间也可以摆设复古杂货
提升生活的华丽感

卫生间
SANITARY

01 墙上的装饰架是左右房间气氛的装饰秘诀

在容易让人感到乏味无趣的卫生间架子上，装饰丰富的绿植与杂货。

02 小物件上也装饰印刷字，大大提升怀旧的格调

为了提高室内的气氛，使用带印刷字的收纳小物，隐藏起生活的日常感。

拥有心仪房间的装修达人们的爱用之物

极具装饰性的家具与杂货清单

为了让居室达到理想的
氛围，房间里必须有亮点。
接下来为大家介绍装修达
人们爱用的室内装饰。

用涂鸦喷漆改造旧灯罩

用涂鸦艺术常用的喷漆，重新改造原来的铜板灯罩。为了跟原来的锈迹更协调，可以用海绵处理表面，让颜色看起来显得毛茸茸的。

锈迹斑驳的电灯，打造沧桑氛围

电灯上恰到好处的斑驳锈迹，看上去略带阳刚之气。只需悬挂这样一盏吊灯，就能提升沧桑美感。

电灯
与
椅子

Lamp and Chair

因为常常看到，使用年限也较长，所以选择物品的时候需要更讲究。

既能用来小憩又能放置物品的凳子是万能选手

伫立在工作室中的凳子，尺寸刚好合适，既能用于工作间歇的休息，也能用于放置物品。

奶绿色的怀旧吊灯

馅饼盘、漏斗与空瓶组合而成的DIY电灯。

办公室风格，不会浪费空间的台灯

选择便于书桌使用，造型简单的手臂式台灯，保持良好性能的同时还能营造老式办公室的气氛。

庄重的黑色吊灯

这是由馅饼盘和漏斗手工制作的灯。不仅能与木材搭配，也能作为美式复古风房间的随性点缀。

热衷于裸电灯泡式的简约风

自由垂下的裸电灯泡式的简单照明，最适合作为房间的亮点。它的光亮让房间的氛围变得温暖。

形状独一无二的导管椅是DIY中的佳品

粗犷的导管与大型车轮共同营造出工厂印象的男性风。存在感较强的椅子还能用于放置物品。

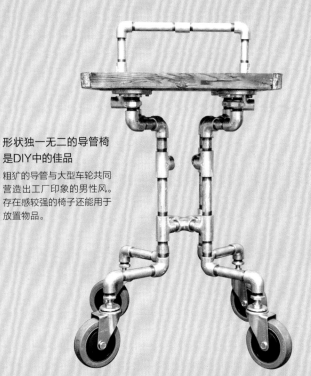

旧教室风格的木凳

达到腰部高度的木凳，便于在劳作间隙小憩。即便只将其放在房间一隅，看上去也像装饰品一样。

将对比强烈的沙发作为点缀

瞬间抓住人眼球的红色沙发最适合作为昏暗房间的亮点，还能在沙发上享受放松时刻。

桌子
与
小物
Table and Zakka

桌子与小物是房间的亮点。记得要摆放与房间风格相协调的心仪之物。

选择色彩单调、图案美丽的物件

选择色彩或图案朴素，并能与深色房间搭配的餐具是秘诀之一。黑白色能衬托出每一天食物的丰富。

外国老爷爷家式样的桌子

中央有着可爱花纹的桌子，是完全由房主自己DIY而成的。这是为了让空间看上去更为宽敞而制作的。

手艺人常用的鞋楦韵味十足

韵味十足的鞋楦，无论放在哪里都是绝佳的装饰。主人无论如何都想要摆上一个这样的杂货。

性能极佳、带有小脚轮的桌子

带有小脚轮和抽屉的组合工作桌椅是DIY而成的。质地结实，且使用面积较大，是与客厅十分搭配的作品。

桌脚可折叠的日式矮桌

为了便于收纳，自己制作了桌脚可折叠的日式矮桌。矮桌将视线集中在较低位置，视野也能随之变开阔，房间看上去也更宽敞。用绿植稍加装饰会愈发可爱。

Room 05

自然咖啡馆风
的房间

简介　泷本真奈美的家

　　泷本擅于巧妙地使用从商店购买的低价小物，将房间打造成自然复古的风格。不需要花费很多时间与成本，只需要简单改造，就能将普通的屋子变成以白色和木色为基调的咖啡馆一般。稍费心思、动动脑筋，便能打造出一个充满实用妙招且生活便利的房间。

地点　爱媛县

这是一个以白色为基调，透着浓浓自然风格的复古咖啡馆式房间。擅长利用低价小物的泷本，将房间打造成既让人心情放松，又充满复古感觉的幽静之家。

虽然泷本也喜欢各式各样的杂货，但统一成黑色的做旧感十足的物件更能恰到好处地对房间进行调和，使整体印象更加清爽。重视房间的开放感与留白，要留意尽量不放置较高的家具。

除此之外，房主并不是全部都选用旧家具，对身边现有的家具也进行重新改造，沧桑感浑然天成。不用一味追求购买昂贵的家具，对心仪的家具稍稍修饰加工，便能最终完成一个舒适的房间。

Room 05

以白色为基调的自然复古风格的房间

让人静心放松的布置秘诀是控制色彩种类

原木与清爽感并存的秘诀是
客厅只选择低矮家具

01

02

03

01 **全部选用较矮的家具，让视线变得清爽**

家具全部使用木制。为了营造开放感，注意不要摆放超过视平线的较高家具。

02 **水洗褪色的抱枕，成为复古感十足的元素**

使用面料柔软、自然风格的抱枕作为房间的色彩点缀物，水洗处理的面料带有复古味道。

03 **衣物像商店里的橱窗一样陈列摆放**

若将衣物叠得整齐漂亮，看上去就会像商店的陈列。窍门是陈列的衣物颜色要与房间的色调一致。

客厅·餐厅 《《《

看看内部
--->

重新购置了桌板，矮桌也可以变为暖炉。

第一眼就看中并买下的胖乎乎、有着浑圆身形的漏斗电灯。

04

05

06

04 **在房间四处点缀翻新过的沧桑感杂货**

旧物风格的蛋糕盘是用原有的模具DIY而成的。如果屋内到处都是心仪的小物，每天都会很开心。

05 **用抽屉盒收纳生活用品**

有许多抽屉的墙边柜，是用买来的架子和许多小抽屉稍经DIY而成，里面收纳着各式生活用品。

06 **堆放具有沧桑感的小物，木盒也变为杂货风**

将木盒与做手工时的鞋楦作为装饰品摆放在一起。再点缀上干花，瞬间提升艺术感。

厨房
KITCHEN

◆

从餐厅能看到的厨房区域
统一使用白色

◆

01 用厨房小推车收纳经常使用的物品

能常温保存、在烹饪时经常取用的根茎类蔬菜用白色小推车收纳，这样能使料理场所显得更宽敞。

02 摆放餐具的收纳架也统一使用木制与白色

客人也能看见带玻璃门的橱柜与开放式收纳的架子，所以放入其中的物品颜色也要尽量同房间色彩一致。

Nice Idea!

对手工制作的包袋进行小改造，赋予它咖啡馆风格。在外侧贴上标签，就能变成生活感十足的包装。

像煮鸡蛋一样光滑的伊姆斯椅与房间十分协调。

看看内部

简洁的灯具是万能型选手，即使今后还会改变布置也能与之相搭配。

03

厨房 «««

04

05

Nice Idea!

使用同种类的
金属餐具与杯
子，提升咖啡
馆一般的气
氛。即使随手
摆放也不显得
杂乱。

03 **统一使用钢制和白色的厨房用具**

厨房用品尽量选择统一的钢制与白色用具，营造清爽感。在墙壁贴上带有印刷字的黑色招牌，作为此处亮点。

04 **与咖啡馆风格厨房相搭配的垃圾桶**

为了与简约的咖啡馆风厨房相协调，带有生活杂乱感的垃圾桶要选择带有印刷图案的样式。

05 **有意识地用杂货装饰从餐厅可望见的空间**

精心美化从餐厅能看见的空间。摆放咖啡磨豆机与干花等杂货作为装饰。

玄关
ENTRANCE

用白色涂料与墙面贴纸打造明亮的玄关

THERE IS NO SUCH
A THINGAS TOM

01

04

看看内部
←---

将鞋柜上方的角落区域，
变为杂货陈列角。

给玄关能看见的桌子下
方盖上桌布，看上去更
干净清爽。

01 用老式缝纫机与干花，营造复古小天地

一进玄关，老式缝纫机与心仪的杂货便吸引了眼球。赋予
这个小天地自然而怀旧的印象。

02 用合成板将鞋柜区打造出原木风

在鞋柜的原有台面上贴上木纹饰面，侧面张贴合成木板，营
造出原木风。吸晴的文字是从商店里购入的墙面贴纸。

03 在率先映入眼帘的位置，摆放展示架

进入玄关，首先映入眼帘的木架上陈列着杂货。选择体型
较小、不显得夸张的小物件摆放在这里。

04 将清洁用具收纳在门内侧的死角区域

将易产生生活感的扫帚等清洁用具，挂在客人难以看到
的门内侧。

卫生间
SANITARY

对功能性空间也进行改造
打造以茶色与木色为基调的卫生间

01 **洗衣机上方的小窗里，整齐摆放着从商店买来的收纳木箱**

一个木格子里只放一个物件，专门用于收纳清洁用具。留有余地的摆放方式是诀窍。

02 **在墙上张贴无痕胶的瓷砖图案贴纸**

可移除的方形瓷砖图案贴纸，张贴在卫生间正面，气氛会变得清爽明亮。

03 **用麻袋代替洗衣机罩，营造时尚感**

选择漂亮的麻袋来代替洗衣机罩。覆盖上编织物，功能性设施的机械感就会减少。

\Nice Idea!/

平时会用到的洗衣网也选择浅棕色，与麻袋放在一起不会产生违和感。对小物件多加注意，容易凌乱的卫生间就变得清爽起来。

Room 06 ◆

海外公寓式
的房间

简介 暖治的家

略带复古风的外国公寓式房间，室内的布置如电影
场景般，传递着享受精致生活的理念。这个由雾霾蓝与
原木色调统一的空间里的家具，都是由手工制作或从
DIY博客上购入的。屋内四处洋溢着的复古情趣，不会
让人觉得这是租来的房子。

地点 北海道

Room 06

以海外复古公寓作参考，大胆使用色彩

布置诀窍在于灵活地引进海外家居装饰的新理念

只需踏入一步，便宛若置身异国，这个充斥着怀旧风情的房间让人不禁感叹。这个租来的公寓楼中的房间，和欧洲电影中出现的复古公寓别无二致。那些让人一见倾心的手工制作的家具、大胆的配色，还有印有独一无二图案的杂货，都与房间完美地融为一体。

提升手工制作家具质感的技巧，简而言之，就是"充分发挥把手、铭牌、瓷砖等装饰品的作用"。除此之外，与其为了营造复古感而故意做旧，不妨好好珍惜使用过程中自然产生的伤痕与污渍，它们也会慢慢变成一种生活之美。

也只有在这个房间里，才有着属于此地的岁月洗礼，以及渐渐变得韵味十足的家具，它们都是房主自己引以为傲的珍品。

01   02

用大量杂货营造生活感

Nice Idea!

蓝色基调的房间里，用五颜六色的把手作点缀，赋予房间色彩的变化。这是以蓝色为主、奶油色完美穿插其中的自制架子。

01 **以海外旧公寓作为参考**

布料随意挂放，成为房间亮点。这一隅能看出是受到外国室内设计的影响。

02 **选用花纹与形状大胆的杂货**

简约的墙壁上挂着引人注目、装有华丽图案的木制画框和灯泡状的小瓶等物品，家的四处都点缀着童心。

五颜六色的电脑椅，
是自己的钟爱之物。

使用了九枚墨西哥花
砖制作而成的桌子。

看看内部
←---

客厅 «««

03 **以欧式与美式为主题的一角**

不拘一格地为房间决定主题，根据自己的心情
变化而布置，有这样一个角落实在让人惬意。

04 **古董一样的薄荷绿电脑桌**

带有抽屉的电脑桌，与壁纸的颜色搭配得恰到
好处。用木蜡油对桌面进行了一道养护。

05 **要注意美化能瞥见一隅的卧室**

从客厅、餐厅的尽头能窥见卧室。可以在视线
范围内张贴海报等装饰，仿佛这里是故意露出
来的。

厨房
KITCHEN

圆乎乎的水蓝色冰箱，是厨房幕后的主角

这个被主人称为"命运的安排"的冰箱，是偶然在二手商店发现的。当时网上的价格已经是原价的数十倍了，却意外地与它在这个店里邂逅。

01 以造型怀旧的旧冰箱为中心进行室内装饰

以冰箱为主角来进行布置搭配，特别喜爱墙壁中部的微波炉架与冰箱的组合。

02 在复古蓝色花砖上悬挂厨具

将调味品与厨具等安置于墙壁上，只需伸手便能拿到。在炉灶周围使用蓝色花砖贴片作为点睛之笔。

03

04

05

厨房 《《《

03 用空气凤梨提升少许绿意

在厨房的显眼位置挂上六角镜。在光照不好的位置添放少许空气凤梨，提升房间的绿意。

04 用墙面贴纸与木材DIY海外风格

在原本狭窄并昏暗的走廊和厨房，活用墙面贴纸与木材，让整体保持视觉上的平衡。

05 粗犷地摆放花朵才最合适

查阅了海外室内设计的案例后，发现粗犷风格的插花非常合适。在透明的花瓶里，悠闲地放上几朵鲜花作为装饰。

看看内部
←---

兔子造型的可立式勺子，与杯子等独一无二的杂货搭配摆放。

能够提升异域气氛的带有复古文字的时钟。

为了拿取吊柜里的物品，DIY制作的凳子。

卧室
BEDROOM

◆

挂上小球形状的灯，营造电影般的浪漫气氛

◆

01 **用深蓝色复古窗帘隐藏收纳区**
因为收纳区与床相邻，所以要注意用窗帘进行区分，保持私密感。

02 **用棉花球灯打造慵懒卧室**
昏暗的空间里将小球形状的电灯悬挂起来布置，慵懒的光芒营造出浪漫气氛。

03 **用绿植作装饰，打造隐居印象**
在床前放置绿植，让人宛若置身森林中隐居。日光洒落之时，这里不知不觉就变成了秘密基地一般。

植物也复古！

GREEN DECORATION

装饰绿植的技巧

在有心仪植物的房间里生活，
只需添置少许几棵，便能每日保持愉悦的心情。

打造悠闲感的搁架

在墙壁上添置搁架，摆放木制杂货与空气凤梨，打造商店一隅般的氛围。

摆放大量迷你尺寸的植物

摆放了许多从人气仿真绿植商店inazaurusu屋购来的迷你绿植。

像文具一样插入底座

将空气凤梨插入笔架样的底座，随意地放置于桌子或搁板架一角，轻松起到装饰作用。

迷你菜园般的厨房

将厨房绿植变为清爽又可爱的迷你菜园。种植香草植物也是不错的选择。

包裹壁纸

在废弃的鼓上包裹壁纸，瞬间提升复古情趣。

活用咖啡馆招牌

灵活地利用小招牌装饰，与厨房、餐厅都十分搭配。

自由地摆放大量仿真植物

仿真绿植的优点在于不用考虑光照与浇水频率，自由灵活度高，可以用于装饰任意角落，所以多多摆放吧！

在窗边造一个植物角

空气凤梨还有一大特征，与烧杯、玻璃瓶、长颈玻璃瓶等实验室风格器皿十分搭配。

每一阶楼梯选择不同种类的植物

在日照充足的楼上装饰绿植，也是绝佳的主意。如果能用相同花盆制造统一感就更加完美。

Room 07

工业复古风
的房间

简介　**纲田真希的家**

　　纲田真希是制作粗犷、男性风家具品牌的主创。与其品牌形象同样冷酷的房间里，摆放着众多男性风物品，随时随地让人想起工厂与仓库。在粗犷的家具中点缀绿植，打造出一个有着绝妙平衡感的治愈空间。

地点　东京都

纲田想打造一个一回家便能怦然心动的房间，最终的效果也正是如此。纲田的房间在公寓中展现着另一个世界。这个花费大量心血的房间充满了童心，让人不会意识到这是租来的。

纲田十分喜欢这种厚重感十足的工业风室内设计。家里四处都能看到空气凤梨、齿轮、粗犷的钢制家具等物品，它们都是点亮房间的关键。

因为每个房间都有自己的主题，所以这里的旧杂货气氛并没有让人觉得凌乱。卧室以面包店为主题，玄关以废弃工厂为主题。先选择主题，再置办与之搭配的室内布置和杂货。

除此之外，还要注意配色不宜过多。每个主题房间只采用三种主色，在赋予其变化的同时，也让每个房间拥有自己的独立风貌。

卧室以面包房为主题，玄关以工厂为主题

每个房间用不同主题彰显主人的世界观

Room 07

客厅
LIVING ROOM

房间采用三种主色
打造旧工厂风

01 所有家具都统一使用深色调木纹

即便都是木纹家具，也一致使用深色调。整体的统一感
能瞬间让房间气氛变得庄重。

02 在手作的餐桌上吃早餐

在窗边添置桌子与架子。风景临窗让人心情舒畅，是与家
人一同进餐的特别专座。

03 门上方是能随意放置杂货的空间

门与窗户上面的空间，不会干扰日常生活，能摆放很多喜
欢的杂货。还能安置搁板，摆放上绿植等，尽享生活乐趣。

Nice Idea!

看似锈迹斑斑
的金属管，实
际上是聚氯乙
烯管。将小瓶
子和时钟等杂
货组合起来摆
放，瞬间提升
工业风的味道。

餐厅 · 厨房
DINING & KITCHEN

选用裸露的导管与木质家具，
让厨房也变成具有沧桑美的餐馆风格

01

02

01

将存在感较强的物体放在显眼位置

在显眼的厨柜架上，摆放与房间风格相搭配的时钟。将
让人印象深刻的物件摆在显眼位置，也更容易形成房间
的主题。

02

悬挂带英文标语的装饰物

在橱柜的上方摆放黑色的盒子用作收纳。餐具统统都悬
挂起来，配上带有标语的小饰品，打造出吧台风气氛。

在橱柜的吊柜上张贴英文字母的贴纸，立刻营造出小餐馆的气氛。香料上的标签也是印刷字，同样是不错的选择。

可用于展示的柜子。因为是特大尺寸，锅和碗都能收纳进去。

将煤气管与梅森瓶组合，DIY而成的壁灯。瞬间提升房间气氛。

看看内部
←---

---

03 打造宛若老电影中的吧台

面向厨房设计了吧台，将其打造成酒吧柜台般的风格，氛围仿佛外国老电影一般。

04 将沧桑感十足的厨具挂上墙壁

料理的器具也化为室内的装饰。稳重而有男子气概的居室气氛，与厨具的铸铁、不锈钢质感十分搭配。

05 整齐放置调味品，呈现老式厨房风

将便于收纳在搁板架上的调味料排列整齐，打造出专业厨房般的气氛。统一器皿也是彰显厨房风格的小窍门。

用废弃工厂气质的杂货装饰玄关

Nice Idea!

将空气凤梨与卡片一同放置于架子上,具有很好的装饰性。选用松萝凤梨等垂吊植物,绿意会得到更大提升。

01 老工厂印象的杂货,是提升主题风格的重要角色

复古的马灯、锈迹斑驳的链条、乌鸦等工厂风小物,是提升房间气氛的重要装饰,屋内四处都有放置。

02 以充满岁月感的红色墙壁为中心进行搭配

想让居室经得起岁月打磨而精心制作的墙壁。为了与这面主导玄关色彩的墙壁相协调,特地选择了海军蓝与黑色的家具。

03 签名板是能左右气氛的关键物品

放置于此的签名板,可作为红色墙壁与其他家具之间的过渡。放在这里很吸引人的眼球,能够极大改变房间印象。

01 **大型的操作台是工作室的中心**

工作室经常用于DIY制作小家具。这个大型操作台也是手工制作的，由钢铁脚手架制成，十分结实，能广泛用于各种作业，是自己的钟爱之物。

02 **用螺丝钉与锈迹斑驳的小物打造旧工厂风**

螺丝钉、齿轮和使用痕迹明显的电灯等物品，带有浓浓的故事感，房间也随即变得具有戏剧性。

03 **黑白海报也以巨大的螺丝钉为主题**

显眼的海报也是能左右房间气氛的一大法宝。这里当然也要选用具有象征意义的螺丝钉作为主题。

用钢铁脚手架DIY的
复古工业风工作台

迷你专栏
②
印象大变!
TYPOGRAPHICS IDEA'S

用印刷体文字装饰房间

想提高复古房间的品位，不可或缺的就是印刷体文字了。
这里为大家介绍一些简单的印刷文字装饰方法，同样也适用于粉笔手写的黑板装饰。

并排放置杂货

将多个样式各异但字母相同的立体字摆放在一起，意外地能作为房间的装饰和亮点。

尝试招贴风

对字体稍进行加工，将其变为招贴风格，只需放置一块这样的装饰板，非常漂亮的粉笔艺术一角便完成啦!

咖啡馆菜单风

并排写下罗曼体英文，仿佛是咖啡馆的菜单。同样大小的字母会显得单调，打破单调的秘诀在于张弛有度地对字母进行组合。

添加蛋糕标识

黑色的石头盘子也能用文字作装饰，打造令人愉快的下午茶时光。叠放的两块饼干充当了粉笔的角色，而文字是用糖霜书写的。

用制作好的文字模具反复印刷，制成展示牌。不同的擦痕也会带来不一样的效果，所以没有完全相同的两件，这一点也十分吸引人。

用模具印刷文字
作为展示牌

用粉笔在大号黑板上进行艺术创作，仿佛是车站的巴士滚动牌。虽然黑色面积较大，但写了文字后就不会显得突兀，反而更有气氛。

巴士滚动牌风格

Room 08

旧商店一般
的房间

简介　素光的家

　　经营杂货店的手工艺人素光的房子兼作商店，古老
和风家具与古董杂货相得益彰，散发着商业街上的咖啡
馆情趣。活用木造的房子，古器具与工业风家具共存的
独特气质十分引人注目。她表示，将不同风格的家具与
杂货巧妙结合的窍门，是尽量消除生活的日常感。

地点　和歌山县

Room 08
和风家具与古董杂货融合，
展现古老而美好的旧商店气氛

活用木造老房子，将和风与工业风融合

素光活用木造的和风屋子，巧妙地运用了古董杂货与工业风室内装饰。因其手工艺人的职业，只需对生活杂货与家电稍加改造，就能让它们与房间十分搭配。

客厅是家人团聚、朋友交流的最佳场所。因为每周有两天要在家经营手工杂货店，所以建造了能隔开私人空间的隔断，白色的门也是自己制作的，与商店的复古气氛十分协调。点缀其间的装饰干花能提升自然氛围，也是不同风格装饰之间的绝佳衔接。

客厅
LIVING ROOM

❖

用绿植与干花
让旧家具光彩夺目

❖

01 **玄关区域是日式复古风**

一周有两天会将玄关至客厅的空间用作店铺，因此要尽量消
除生活杂物的存在感，统一成怀旧复古的气氛。

02 **在瓶中装入干花，打造杂货风**

若将在房间内四处可见的干花装入瓶中，便能成为十分漂亮
的杂货。多摆放几个看上去也十分可爱。

03 **像开放式收纳一样陈列商品**

便于取用、易于察看的架子都在玄关附近。可以将多个同样
大小的杂货架子并列放置。

客厅 《《《

04 用于区分私人空间的门是DIY的

区分私人与店铺空间的门是自己制作的。平日里将
大门打开来，每周两天的店铺开放日才将其关闭
使用。

05 将心仪的旧落地镜作为亮点

玄关与起居室之间，大方地摆放着旧落地镜，古色
古香的外形也韵味十足。

06 提升主题氛围的古董缝纫机

怀旧风格的RICCAR牌缝纫机，只需要摆放在那里
便能瞬间提升复古感。再添加些许干花，让这里变
为色彩浓郁的一角。

Nice Idea!

将有着引人注
目的鲜艳蓝色
标志的酒瓶用
作花器。这个
给人旅行印象
的杂货角落显
得很随性。

用优雅的郁金香型吊灯
营造温暖的气氛。

流线型的复古沙发是
自己心仪的旧物。

落地镜还能作为小物
件的暂时挂放地。

看看内部

←---

07 **用复古织物覆盖视野中心的电视机**
用与房间风格相符的复古织物，遮盖在存在感强的
家电上。复古气氛与小毛毯也十分协调。

08 **用仿真绿植让深色的搁板架华丽变身**
仿真绿植是从商店里购入的。与干花搭配在一起，
不需要进行日常维护。

09 **用DIY的墙上置物架专门摆放绿植**
丈夫DIY的墙上置物架，用于摆放干花与迷你绿植，
也可以用于悬挂物品。

日本乡村风印象的客厅

餐厅
DINING

02

01 03

与家人围坐的朴素餐桌
营造温暖气氛

看看内部
←---

将心仪的盘子放在能
透过橱柜玻璃窗看到
的显眼位置。

木盘不仅能陈列杂
货，也经常用于送餐。

01 用木制的桌椅，营造怀旧
气氛

用样式怀旧的餐桌与郁金香型的吊
灯，打造安定温暖的用餐区。

02 香料一般的装饰干花

像香料一样五颜六色的干花，摆放
在厨房或者餐厅，也会成为出色的
装饰。

03 将天然材质的篮子用作开
放式收纳

餐边柜上摆放着用于盛放面包和点
心的篮子。自然的材质有着微妙的
含蓄感，所以房主一直坚持将其用
作开放式收纳的材质。

秘密基地般的阁楼，充满童心的游戏空间

01 旧摩洛哥与非洲风印象的二楼

用土耳其基利姆的靠垫套与花毯，在楼梯挑空的位置营造非洲气氛。选用大型沙发，提升轻松感。

02 用隐居般的圆锥形帐篷，打造简易游乐园

家中放置孩子们非常喜欢的圆锥形帐篷，立刻变为能带着冒险家心境玩耍的游戏空间。

为了尽可能扩大孩子们玩耍的空间，在这个局促的角落也用心布置。圆锥形帐篷还可以作为玩具收纳处。

儿童空间
KIDS SPACE

◆

楼梯下的死角空间变身儿童游戏区

◆

01 **DIY的空间和做旧的收纳盒**

为了喜欢狭小空间的孩子，专门将楼梯下的空间改造成儿童角。悬挂上小旗子，看上去充满欢乐。

02 **狭窄空间是引发孩子们好奇心的秘密基地**

为了营造秘密基地般的气氛，照明灯具选用了二手的。这是让孩子与父母都能感到满意的一举两得之计。

03 **在球型灯上添置干花**

在微弱的光源上也添置干花，不仅提升房间气氛，还可以欣赏影子落下来的美。

\Nice Idea!/

用麻绳将改造过的黑色箱子绑起来，并排摆放数个，就能成为出色的装饰。

复古房间的绿植搭配方法

阳台花园入门

Veranda Garden Primer

想打造专属于自己的小花园吗?
从今天开始,体验让绿意四溢的生活方式吧!

园艺顾问:吉住亚希子

Part 1

只需四步就能完成的
阳台花园打造方法

或许你不知道该从哪里开始，其实只需简单四步便能将阳台变为花园哦！

step 1

从增加壁板开始，
不仅节省空间，还能挂放绿植

从制作壁板、隐藏原有的阳台墙壁开始。即便是租赁公寓，只要有木料，也能瞬间提升气氛。

step 2

用木板与砖块隐藏地板，
大幅提升绿意

将墙面隐藏起来后，铺设木板、花砖，将地面也隐藏起来。在这里铺满核桃壳，展现专业造园者的风范。

step 3

配置箱子与架子，
打造收纳空间

先将植物随意摆放在户外用的箱子或搁板架上，再放置于阳台中。箱子上面也可以随意摆放，这也大大增加了可以放置的植物数量，所以十分推荐。

step 4

保持视觉平衡，
配置植物与杂货

配合植物与花园的印象，装饰心仪的杂货吧。不怕被雨淋湿的旧罐子、不锈钢材质的物品等都是不错的选择。

Part 2

植物的摆放
和布局的技巧

不同造型的植物摆放在哪里合适呢？接下来为大家介绍简单易上手的植物布局方法。

便于浇水的位置
摆放观叶植物

浇水频率较高的大多是观叶植物。为了不让浇水成为负担，将其摆放在容易够到的位置。如果有充足的光照就更好了。

晾衣架是所有
植物的特等席

若阳台日照不佳，那就利用固定安装的晾衣架吧。晾衣架既临窗，也易于被阳光照到，自然就成为了植物的特等席。

在较低的位置
摆放蔓延感十足的植物

将藤蔓系与叶片伸展性较强的植物摆放在较低位置，突出存在感。体积感较大的植物大都比较重，所以要放在稳固的位置。

将多肉植物摆放在
日照充足的位置

一定要将喜好温暖气候的多肉植物摆放在日照充足的位置。否则植物生长会变得缓慢，还容易变形。

仙人掌科植物，
放在背阴处也没问题

健壮的仙人掌科植物大都耐阴，摆放在背阴处和屋内也没问题。最好能够先了解一下植物的特性。

专栏

先从窗前最易看到的地方开始

要过上与植物相伴的生活，首先要从窗边开始。
摆放在从客厅能看见的位置，极大提升居室内的绿意。

将植物摆放在从客厅可以看到的位置

日照充足的窗边正适合摆放植物。
在从客厅等房间能看到的地方装饰
绿植，不经意间看见都让人一天心
情愉悦。

推荐这些易养护的植物

我们特地向人气植物博主吉住亚希子咨询了一下，她推荐以下三种易养护的植物。
首先要选择合适的植物，才能发挥其美化居室的作用。

常春藤	仙人掌科植物	狐尾天门冬
耐阴，是放在室内也会茁壮成长的代表性藤蔓植物。让叶片垂吊下来也是不错的装饰手法。	仙人掌浇水次数少、健壮且容易入手。在选择花盆上需稍花心思。	量感充足的狐尾天门冬，只需一盆便能提升绿意。

Part 5

植物的容器选择方法

考虑到阳台花园要方便平日的打理，我们在这里为大家介绍实用而又效果突出的方法。

idea 01

悬挂植物，克服日照不足的问题

光照不足的阳台，从高处垂吊植物是个不错的解决之道。将多肉植物与藤蔓植物垂吊起来，就能打造出亮点。

idea 02

将植物种在旧容器与杂货中，瞬间提升气氛

植物可以与锈迹斑斑的旧罐子、白铁皮容器以及具有年代感的木箱子等复古物件组合起来。

idea 03

将大小接近的物品收纳在箱子里，看上去就像装饰品一样

不知道如何摆放的时候，就先利用箱子归纳整理吧。窍门是将多个大小几乎相同的物品摆放在一起。

idea 04

木板是能灵活利用的有用物品

在家居商店都能买到的木板，组装好后能用作搁板，立起来还能作为搁架，使用灵活方便。

专栏

idea 05

用搁架与挂钩，
灵活摆放垂吊植物

在阳台墙壁上活用搁架与挂钩，摆放垂吊植物的方式可以灵活多变，营造张弛感。放在墙壁的搁架上也是改善日照的有效方法。

idea 06

用色调统一的植物作主角，
选一抹亮色作点缀

以棕色与绿色为主色，将阳台整体颜色协调成单色调。再用蓝色罐子这样靓丽的物品作点缀，让阳台更出彩。

idea 07

用喷雾丙烯颜料，
书写简洁的印刷字

花园中不可缺少的亮点就是印刷字体，是用罐装喷雾丙烯颜料喷涂绘制的。这种颜料易显色，耐水性也不错。

idea 08

日照不足的地方，
灵活地使用仿真植物

光照不足的角落，不要勉强摆放植物，不妨选择仿真植物。与绿叶植物相比，摆放仙人掌等稍耐阴的植物也不错。

Room 09

英式复古风
的房间

简介 藤原香的家

　　藤原家的布置风格简洁而清爽。她利用了房间原本的墙壁与实木地板，在家中四处摆放铁质的复古家具。为了不让空间显得过于冷酷，利用植物的绿色作为点缀。这是一个简约、安定而又让人向往的房间。

地点 高知县

Room 09

由黑、白、木色统一的英式复古风

或悬挂、或摆放装饰绿植，打造复古中的清透感

　　房间只要稍加整理，就会变得清爽简约。藤原香的房间，几乎是"断舍离"的房间范本。以墙壁的白色、实木的茶色和铁质的黑色为基调，看上去十分时髦。

　　藤原说，打造这个宁静居室的灵感来源于英国古董。"我原本是英国利伯提的布料收藏家，后来对伦敦的老书店建筑十分憧憬，便开始入手收藏英国的古董玩物。"

　　确实，这个白色墙壁与深色调家具相融合的空间，与英式风情完美契合。脑海中先有一个想变成什么样的印象蓝图，再想办法让其变为现实，理想的家居布置大抵是这样实现的。

客厅
LIVING ROOM

用黑色基调的室内装饰，让整个房间看上去时髦

在客厅的凳子上随意地放置空气凤梨，房间不需要其他的装饰。凳子既可以用于小憩，也能被当作展示台，是非常方便的物件。

01 用巴士滚动牌作为墙面亮点

为了与白色形成对比，选择黑色系的室内装饰。在能够打造主题印象的墙壁上放置巴士滚动牌，让气氛更突出。

02 用玻璃与绿植提升通透感

房间内仅有黑白两色的室内装饰，容易让人觉得单调，可在其中灵活地摆放绿植与玻璃的物品。

摆放些许迷你植物，
打造商店风的一角。

灯具的形状独一无二，
演绎出天真的童心。

黑底白字的印刷字杂
货可以反复出现。

看看内部
←---

客厅 《《《

03 突出主题的伦敦利伯提商店照片

将相框的边框涂黑，作为世界地图与伦敦地图的画
框。将画框统一涂成黑色可以塑造房间的统一感。

05 与复古风融为一体的绿植

体型较大的木本绿植，只需一株就能营造出房间的
张弛感。使房间看上去不过于冷酷，提升明亮度。

04 时髦的猫架是手工制作的

使用不损害墙壁的"可拆卸式搁板"DIY而成的猫架。适用于
各种不同的空间，也不会干扰生活。

06 将印刷字小物用作陈列亮点

带有极强装饰感的空气凤梨与带有印刷字的物件进行组合。
墙壁陈列架的高度也恰到好处。

厨房
KITCHEN

◆

用茶色搭配白色，
从客厅能看到的厨房打造成简洁复古风

◆

01　　02

Nice Idea!

活用厨房深处的墙壁，在墙壁上粘上挂钩。可以悬挂不常使用的锅，在实用性之外，将这里变为无论什么时候看都心仪的角落。

01　**用干花搭配简洁的灯具，提升柔和感**

装饰干花，让每天的厨房工作变得欢乐。裸灯泡式的简洁照明营造出一种怀旧的暖意。

02　**为了搭配居室的风格，冰箱也变为复古的木调**

为了与白色基调的房间相协调，在冰箱上张贴贴纸进行翻新，统一为白色木调，乍一看就像是一件木作家具。

03

厨房 «««

04

05

03 平时的死角区也摆放正宗的旧杂货

将无纺布材质的旧巴士滚动牌放进木框中。同时配上与英国相关的旧杂货。

04 在水槽侧面镶嵌复古艺术玻璃

偶尔也点缀一些真正的古董。水槽侧面的这块玻璃是英国古董级的艺术玻璃。

05 在经常使用的炉灶四周集中摆放料理器具

为了方便操作，在经常使用的区域的墙壁上悬挂料理器具。不过，不锈钢水槽的位置周边什么都不放置。

\ Nice Idea! /

不加任何修饰，将灯泡悬挂起来，看上去像水滴状的光。简约优雅，无论放在哪里，都与英式复古完美契合。

卫生间
SANITARY

为了打造卫生间的怀旧感，
统一使用白色

01 **在有阳光照进的地方摆放绿植**

因为卫生间里有水源，所以很难摆放杂货，这个时候就可以摆放绿植。只需一盆，既拥有了植物的治愈力量，又能提升清洁感。

02 **在卫生间打造一个放松的角落**

在光照不足的卫生间，不勉强摆放植物，不妨用仿真植物来代替。如果有一个心仪的角落，心情也会更加舒畅。

03 **将复古镜子内部用于收纳**

像酒店的风格一样，用旧木材包裹镜子四周。实际上，镜子也是收纳柜的门，内部能够收纳洗护用品。

玄关
ENTRANCE

古老英国街道般的玄关，
完美隐藏起日常生活感

01 在玄关内侧放置凳子

为了不妨碍经过，将绿植摆放于凳子上。这样放绿植也更容易进入人的视野，存在感得到提升。

02 时髦的花瓶可以直接摆放在地面上

打破玄关必须少放置物品的理论，摆放自己喜欢的干花。放在花瓶里面，周围地面也容易清理。

03 快递箱隐藏在门的内侧

门左侧的木板里，实际上是牛奶配送箱。用木板进行巧妙隐藏的同时，也营造出露天咖啡馆的气氛。

看看内部
← - - -

绿植角的杂货统一使用黑色和华丽的铁艺制品，营造清爽感。

淡蓝色花盆是这里的亮点，花盆上的标签充满岁月感。

Room10 ◆

怀旧的六口之家
的房间

简介 村上雅美的家

村上家坐落在自然风的白色独栋房子中，以象牙色
为基调，十分简约。随意放置的复古杂货与小物件错路
有致。搭配多肉植物与绿植，温暖的氛围是其居室的特点。

地点 东京都

Room 10

怀旧氛围的居室，四个孩子之家依然整洁温馨

象牙色搭配古董物件，营造出自然的气氛

　　村上家的气氛自然而温馨，室内整洁干净，完全让人想不到这里居住着四个孩子。屋内以象牙色为基调，风格简约，到处都摆放着主人喜爱的旧杂货。餐厅里悬挂着造型复古的灯具，与怀旧风的木制家具一起，恰到好处地在房间中调和

出一种氛围。

　　为了不让这个六口之家的气氛变得沉闷，以茶色与白色为中心选择复古杂货。同时用干花等有着恰到好处的少女情怀的物品，作为与老旧物件之间的衔接，打造出一个温柔而又怀旧的家。

不摆放较高的家具，
客厅和餐厅有着开阔的空间

01 **用矮沙发与实木家具营造温暖感**

家人团聚的餐厅，是由实木家具与复古电灯构成的静谧空间。选用矮沙发，不会遮挡视线。

02 **将旧容器用作花瓶，与房间相协调**

用锈迹斑斑的绞肉机固定绿植。被用作装饰的是体积感十足的藤蔓类植物。

03 **选用细脚家具，减少压迫感**

古旧的工作台与有着纤细腿部的椅子，占地面积较小，将两者并排放置也不会产生压迫感。

Nice Idea!

只需根据心情更换客厅里的坐垫套，就能轻松改变气氛。与象牙色房间十分协调的大地色系是不错的选择。

客厅·餐厅 «««

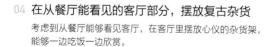

04

05

06

04 在从餐厅能看见的客厅部分，摆放复古杂货

考虑到从餐厅能够看见客厅，在客厅里摆放心仪的杂货架，能够一边吃饭一边欣赏。

05 在容易感到空旷的地方，活用花环等能挂在墙壁上的物品

有些地方无法摆放架子，但视线也容易觉得空旷，这个时候可以在墙壁上挂上干花花环等物品，营造张弛感。

06 将复古装饰集中摆放，更便于整理

设置专门放置复古小物的空间。若将装饰集中在一处，空间就不易凌乱，这也是很大的优点。

看看内部
←---

全部选用木制小物，桌子也会变得充满戏剧性。

将作为房间亮点的插花装饰进篮子里。

厨房
KITCHEN

宽敞开放的厨房，将调味料也打造成装饰品

将相同的搪瓷罐并排放置，调味料也能变成开放式收纳。在视线范围内，尽量不摆放看上去有生活感的包装。

01 将厨房操作台上的东西减少到最小限度

一览无遗的厨房操作台上尽量少置物品，这是必须注意的规则。餐桌上也尽量不放置物品。

02 选择不干扰视线的白色简洁家电

选用白色的不干扰室内装饰的家电，墙壁上的陈列收纳架子是为了利用微波炉上方的空间DIY而成的。

03 用铝制滤水盆盛放水果，简单摆放也十分美丽

将蓝莓随意地摆放于沥水盆中，看上去就像是室内装饰一样。清洗蔬菜时也同样适用。

白色搪瓷容器是整理
小物不可或缺的物件。

将同一种类的杯子并
列摆放，十分可爱。

用来盛放蔬菜与水果
的滤盆也能盛放绿植。

看看内部
←---

04

厨房 《《《

05

06

04 **用花盆代替收纳罐**

用来代替收纳罐的，实际上
是花盆。小巧的餐具质感很
别致，与室内装饰十分协调。

05 **精心布置的杂货角充溢着
咖啡馆的气氛**

将餐具柜上半部分变为杂货
角。用瓷盘集中稍小的杂货，
打造一个整洁有序的陈列区。

06 **活用留白空间，随心所欲
插放绿植**

开放式的搁板架上，重点在于
不能将其塞满，要留有余地，
小型绿植很适合摆在这里。

陈列
DISPLAY

将角落装饰成杂货的舞台

01 在玻璃箱里摆放杂货，便于清扫

这个位置从客厅和餐厅都能看见。如果放置两侧透明的玻璃箱，不仅可以避免沾上灰尘，还能在其中装饰杂货。

02 将几个相同质地的铁皮罐并列放置

将质地相同，尺寸、样式不同的简约铁皮罐并列放置，瞬间提升陈列格调。

03 摆放杂货的最佳位置是楼梯

楼梯边角是既不会干扰日常生活轨迹，又能让杂货随时映入眼帘的最佳位置。每一层都可以摆放不同杂货，看上去十分可爱。

04 以应季鲜花为主角

以含羞草的花束为主，搭配黄色蜡烛和其他绿植等小物。思考如何搭配这一过程本身也十分有趣。

\Nice Idea!/

手工制作一些小物，很适合作为房间的点缀。将彩砂倾斜放入玻璃罐子中，稍经加工便能成为一件原创作品。

玄关
ENTRANCE

随意摆放旧器皿的庭院
让人仿佛置身国外

01 **玄关内侧的橄榄是标志树**

自房屋建好已经6年了，当时还只是高1米的橄榄树，如今已经长这么大了。种植一棵能让庭院更有辨识度的标志性树木，是打造好庭院的技巧之一。

02 **用木盒与旧器皿种植小型多肉植物**

多肉植物与复古的小器皿是完美搭档。先用木箱与搁板归纳一下，更便于放置。

03 **提灯与锈迹斑驳的物件缔造庭院之乐**

不光是绿植，摆放旗子、提灯、旧杂货等物品也能营造出一派复古气氛。

Room11 ◆

美国海岸风的房间

简介　西山牧的家

　　西山牧说自己喜爱美式复古风格。正如其言，他的房间四处都像古老而美丽的美国，给人留下复古又流行的印象。屋内不仅选用了红、黄等色彩艳丽的杂货，也运用了木制家具与绿植等物品，实现了一个能放松身心的空间。

地点　福冈县

Room 11

用木制家具与绿植搭配色彩多元的美式之家

木制与鱼骨拼的大型家具可以统一空间的氛围

这个家中的美式气氛以 DIY 的木质为基调，充满童趣。色彩鲜艳的复古招牌与布艺杂货等物品随意放置，让人仿佛来到电影中纽约的公寓里一样。

在拥抱多元文化的流行风格房间中，摆放着各式色彩鲜艳的杂货，往往容易让人觉得凌乱。

但房主西山用粗斜纹的棉布对沙发套等进行了重新改造，并统一选用木制的大型家具，将房间变成了一个让人可以沉浸其中的空间。

除此之外，随处装饰绿植，也是烘托空间氛围的诀窍。需注意的是，日照不足的位置尽量摆放仿真绿植。

客厅
LIVING ROOM

◆

用红砖块、木板、鱼骨拼纹理
提升房间的时尚感

◆

\ Nice Idea! /

将电缆卷筒用作小桌子。在桌板下装饰杂货，打造商店风格的陈设。放在这里的咖啡研磨机，即便不经修饰也韵味十足。

01 **鱼骨拼纹理的墙壁与绿植是绝配**

为了更好地衬托仿真绿植，安装了DIY的鱼骨式拼法墙壁。它与五角星形的流行杂货也十分搭配。

02 **用一块旧车牌营造美国氛围**

在杂货商店购入的美国旧车牌，只需一块就能大幅提升美式气氛，简直是绝佳的点缀。

03 **客厅用榻榻米缔造放松的空间**

灵活利用制作木箱子的技巧，选用SPF板材制作的榻榻米区域，在上面感觉十分悠闲。这是日式和风与美式的巧妙混搭。

看看内部
- - - ->

将剪裁的贴纸贴在地板上，变成了路标一样的指示贴。

袖珍的木本绿植，模糊了真绿植与仿真绿植之间的区别。

拼布花纹的棉质靠垫是自己动手改造的。

客厅 《《《

04

05

06

04 **瞬间提升美式气氛的可乐箱**

将漂亮的可乐箱放在引人注目的位置，提升美式流行气氛。红色还能反衬出绿植的颜色，形成色彩的对撞。

05 **避免气氛变沉重，在墙壁上分散布置仿真绿植**

墙壁上也装饰着壁挂式的仿真绿植，在以深棕色等深色为基调的房间里，进行色彩的点缀。

06 **将流行小物与绿植进行搭配，舒缓气氛**

将绿植与号码牌等色彩鲜艳的杂货一起摆放，让美式的花哨感觉稍加调和，舒缓气氛。

厨房
KITCHEN

从客厅可以望见的厨房，
也布置成有年代感的美式风

01 用木板为餐边柜添加木框，
打造男性气质

添加了木框装饰，厨房摇身变成了
工业风的咖啡馆一般。大小不一的
杂货以波尔多酒红色为主色。

02 收纳容器上的包装也颇有
讲究

经房主动手改造，装有调味料的
瓶子看上去像外国的杂货一样。
美式风的标签是配合内部盛放的
物品DIY的。

03 随意放置在瓶中的金属餐
具营造餐馆风

从厨房操作台看过去，被收纳进
空瓶中的金属餐具琳琅满目，仿
佛成了美式餐馆中的一角。

04

05

厨房 «««

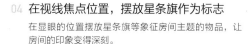

06

07

04 在视线焦点位置，摆放星条旗作为标志

在显眼的位置摆放星条旗等象征房间主题的物品，让房间的印象变得深刻。

05 光照不足的角落，空气凤梨是最佳选择

在离窗户较远的操作台上，摆放一些空气凤梨。不需要光照与水分，也能轻松打造出房间的亮点。

06 网架状的柜门实际上是相框

收纳梅森瓶的柜门，实际上是从商店买的相框。为了配合相框的尺寸而专门制作了柜子的主体部分。

07 充满生活感的消耗品收纳在柜子下方

厨房用纸等使用频繁、但外观容易暴露生活杂乱感的物品，都收纳在从餐厅看不到的下部。

看看内部
←---

心仪的美国风格隔热手套是旧皮革制成的。

搁板是自己用烧烤的网架稍经加工而成的。

将玄关打造成美国西海岸的旧金山风

在可乐瓶上缠上麻绳，粘上海星与贝壳装饰。只需花费少许工夫，便能瞬间打造出西海岸风格。

01 **玄关的狭窄空间里也可以摆放杂货**

下意识打造成西海岸风的玄关里，随处可见海蓝色的杂货。雅致的色调营造出复古的气氛。

02 **捕梦网是打造美洲风格必不可少的物品**

要将居室打造出纯正的美洲风格，捕梦网必不可少。多摆放几个，可以增强当地民族的气氛。

03 **选择蓝色与玻璃瓶等充满海洋感的小物**

摆放贝壳与漂流瓶等与海洋相关的杂货。建议多摆放一些心仪之物，凸显房间的装饰主题。

陈列
DISPLAY

◆

如何摆放绿植是
房间的重点

◆

01 将木板搭在梯架上，作为绿植的陈列架

在大型的梯架之间架起复古木板，放上装饰绿植。今后可能还会尝试用涂料将其变成锈迹斑斑的模样。

02 壁挂陈列的网架，居然是烧烤网

挂有金属路牌与手表的装饰网架，实际上是在撑竿上捆绑了烧烤网而成的简单DIY制品。

03 用仿真甜品与绿植，乐享咖啡馆风情

打造咖啡店气氛的卡布奇诺是仿真甜品。搭配的绿植让这个角落的氛围更浓郁。

04 翻新的罐子与旧杂货十分搭配

旧可口可乐的金属牌子是从跳蚤市场买的，与翻新罐子中的仿真绿植也有着出众的搭配效果。

Room12 ◆

充满绿植的DIY
房间

简介　山本琉实的家

　　在以白色为基调的简约房间里，添加木色、茶色、植物的绿色，打造咖啡馆风的清爽空间。与家人一同生活的宽敞房间里，到处都是用途不同的架子，实用性突出。这个能从生活的日常感中暂时脱离、拥有治愈气氛的房间，赋予了我们旧房翻新、布置装饰的乐趣。

地点　兵库县

Room 12

随处摆放绿植，打造简洁轻松的空间

添置稍显男性风的黑色物件，是为房间增加稳定感的技巧

这个独栋房子中生活了一家五口。与两个儿子、一条法国斗牛犬共同生活的山本，将自己的家整理得干净整洁，绿植与让人放松的小物共存，是个充满治愈感的空间。

房主说，打造温暖洋溢的空间的诀窍在于："尽可能摆放手工制作的物件。"除此之外，为了让孩子与爱犬过得更舒适，房主也表示要注意收纳

分区，不购买过多的物品，将搁板上的物品控制在可收纳的范围内。正因为收纳得很简洁，才有了这片宜居且舒适的空间。

"家人也想把房间打造成咖啡馆式的休闲场所。"但房主表示，只有做到不摆放过多物品，保证居住的舒适性，才能有机会和家人一起创造美好的回忆。

自然光线透过彩绘玻璃照射进来，与房间的绿意调和在一起。要充分考虑整体的平衡感，协调摆放绿植。

01　02　03

客厅
LIVING ROOM

01　参考海运用的货盘而制作的床垫式沙发
　　沙发下面收纳着木箱，在伸手便可够到的位置能放入必需品，是性能绝佳的收纳区。

02　配合人体模特台，打造开放式壁橱
　　将有质感的衣服叠好放入开放式壁橱中，营造温柔的气氛。

03　箱子可以重叠堆放，作为小物件的搁架
　　箱子重叠而成的架子，搭配的自由度很高，也能在每个箱子中摆放不同的摆设彰显个性。

以柔软的沙发为主角
能让家人放松的空间

看看内部

←---

手工组装的巴士滚动牌，装饰效果突出。

壁橱的门扇上张贴壁纸，加深印象。

客厅 «««

04 **使用墙面挂钩，开放式收纳清洁工具**

不隐藏清洁工具，将它们"美丽地展示出来"，给人留下整齐的印象。红色手柄的扫帚是REDECKER品牌的商品。

05 **悬挂于瓷砖墙面上的单色画框，让人印象深刻**

除了简约与自然的感觉，单色调的艺术作品还给人男性风的印象。画框可以随意改变位置。

高低不一、造型各异的搁架，用来收纳不同季节的厨房用具

\Nice Idea!/

随意排列并固定的盒子，用于收纳厨房用品。将家人每日使用的盘子和杯子等物品放在容易取用、便于收拾的位置，能提高效率。

01 墙面高处也能利用的搁架

在较高的位置摆放花盆，在下面添置架子晾晒抹布。素雅的迷迭香盆栽托出浪漫气氛。

02 放入编织的篮子与瓶子，营造复古气氛

用木制的搁板、韵味十足的篮子和装有果酱的瓶子等可爱物品作为装饰。

03 在咖啡角尽可能多使用黑色，营造男性风

将木材涂上黑板漆，白砂糖等物品也放入带有黑色盖子的玻璃罐中，瞬间提升家的格调。

迷你专栏
3

即刻就能掌握！
Special Display Technique
杂货陈列的诀窍

这里我们为大家介绍易学又有效的杂货装饰法，
可以轻松而巧妙地摆放心仪杂货。

将生活杂货用作室内装饰的 技巧 ☞

铅笔、剪刀等文具类生活杂物，统一选用黑色调，再放置些绿植，便会成为漂亮的装饰品。选用质感与木制搭配的物件，适当突出男性风，提升庄重的氛围。

☞ 用一本外文书 打造简约海外风

在易出现生活感的办公桌角落等显眼位置，摆放外文书籍，打造海外办公室风的一角。文件收纳在铝制的盘中，也有装饰的效果。统一使用简约风文具，提升外国风情。

☞ 用开放式收纳 打造怀旧感的墙壁

将玄关墙壁打造成开放式收纳，营造出老式学校般的风貌。用黑板风的深绿色涂饰墙壁，添置旧窗户改造而成的装饰窗户。搭配主题装饰旗子、清扫工具和外出用品等，让气氛变得出众。

『一圈圈缠绕麻绳』是搭配的秘诀

在塑料等质感并不很结实的杯子或容器上，缠上一圈圈麻绳，营造不一样的含蓄感。这样处理后的器皿能与手感粗糙的室内装饰、木制与金属的室内装饰相搭配，让人看上去心情愉悦。

统一颜色 ☞ 打造商店风陈列

选用单色调是诀窍之一。杂货的颜色不超过两种，即便摆放很多种类的物品，也会自然产生统一感。将花瓶、餐具、明信片等集中摆放在同一角落，营造出时尚精品店般的风趣。

用单个花瓶 ☞ 打造植物风

在花瓶中随意插上一枝花，瞬间提升家的自然感觉。不需要装饰大量鲜花与绿植，将书、金属等不同素材的杂货组合起来，就能让植物更引人注目。叶片或花朵"垂吊"的植物，单是一株也有较强存在感。

专栏 3

快速简单，可以轻松完成

家具翻修与DIY的技巧

对身边物品进行翻修，
为家中营造复古情趣！

主编：泷本真奈美

任何杂货都能轻松拥有年代感

深色调的旧家具，找不到颜色合适的修补油漆时，涂蜡是最好的选择。用抹布蘸取黏稠的蜡油，简单涂抹在木头上，让其干燥便能完成。颜色自然，有着家具本来的浓淡效果，这便是蜡油的特征。

只需涂蜡便能打造年代感

蜡油的最大特点是不破坏物品本身的纹理，岁月的沧桑感也能得到保留，且气味较弱，延展性好。

材料：---→ 木蜡油

专栏

写错了也不怕！能够完全擦除的装饰文字

在手作的镜子与玻璃上写下漂亮的文字。瞬间打造出咖啡馆风。注意要用干燥后可擦除的墨水书写。即使是租来的房子，也不用在意写错，可以反复修改。像制作点心时使用的巧克力笔一样，随意添加些文字作为家中的亮点吧。

用可擦除墨水写字很放心

这是泷本爱用的可擦除颜料。平时常用的是黑色、黄色等八个颜色，稍加湿润即可擦除干净。

材料：---→ 可擦除墨水

租房也可以用的壁纸
更换技巧

Technique 3

　　使用可拆除黏合剂的壁纸，即使是租来的房子也能使用。需要准备的东西与所花费的工夫，与更换普通壁纸几乎相同。为了不削弱黏性，需要提前将墙壁擦拭干净。

重点是使用可拆除黏合剂

黏合剂有很多种类，所以建议一定要拿到实物进行确认。

材料：

---→ 毛刷、滚筒、切削工具、刮刀、水桶

01

为了不削弱黏合剂的黏性，先移动周围的家具，将墙壁认真擦拭干净后再干燥。

02

用滚筒在壁纸内侧涂上足量黏合剂，等3～5分钟，让两者融合，从上方开始贴，再用毛刷挤出空气。

03

处理好末端，剪掉壁纸的多余部分即可完成。为避免剪掉的部分翻卷，要使用滚筒压好。

04

摘除插座盖，张贴好壁纸后再修剪四周，露出插座。最后添上插座盖。

立刻就能体验！用可拆除壁纸制作护墙板

　　推荐使用内部自带黏合剂、可摘除的贴纸。不需要额外的黏合剂与胶带，并且有像花瓷砖、砖块一样的不同图案。不仅仅是墙面，也能贴在冰箱表面。

材料：---→ 护墙板一样的可裁剪贴纸

用马赛克瓷砖，对地板与搁板进行小小改造

Technique 4

涂上黏合剂，放置好马赛克瓷砖，然后用布湿润上方的纸后将其去除。之后用接缝材料填补空隙即可。

使用自带背胶款

自带背胶款的优点是，新手也能贴出标准而又漂亮的间缝。马赛克也有单片的类型，自由选择更适合的方法吧。

材料：

---→ 马赛克瓷砖

用复古质感的玻璃贴纸进行改造

Technique 5

在原来的玻璃上张贴贴纸，打造复古风趣，看上去就像真的艺术玻璃一样。通常在小商品店就能购买到，简单尝试一下吧。

裁剪贴纸后再张贴

原则上是要根据应用场所，对贴纸进行剪裁后再张贴。在水槽周围的玻璃，就需要经常用刮水刷除水。

材料：

---→ 玻璃贴纸

不需要借助工具即可制作的滤杯架

只需将圆棒插入
高度调节板！

不使用的时候可以再分解开
的咖啡架。只需将圆木棒插入从
网上购买的高度调节板中即可制
作完成。

高度调节板也
能用木材代替。

用木甲板制作立架

使用家居商店购入的木甲板
和 45cm×12cm 的木板，就能
简单完成立架。搁板非常结实，
木甲板下方的置物部分也能成为
亮点。

将甲板用油漆刷成白色，与
自然风的房间也十分协调。

将三块木甲板
钉在一起

专栏

贴一层木板就可以获得的漂亮木桌

在 NITORI 买的空箱子上，
贴上从家居中心都能购买到的木
板材料。只要覆盖上喜欢的贴面
或合成板，就能制成漂亮的桌子。

即使是较薄的马六甲板材，
也能用于制作简易桌子。

不用在搁板上打洞的迷你光源

在果酱瓶等小号瓶子中，装入蜡烛造型的 LED 灯。用螺丝固定瓶盖部分，再轻轻将瓶子盖关上，光芒摇曳的迷你光源就完成了。

在瓶中装入 LED 灯

如果看厌倦了，还能立刻取出来。

只需涂上颜料就能拥有的木搁架

这里使用的是 Old Village 黄油牛奶涂料。

只涂上喜欢的颜色

只需在木板上涂上颜料，固定在墙上，就能完成简易的搁架，很好地衬托出摆放于搁架上的杂货与书籍。注意要根据空间选择木板的大小。

纸制的干枯紫阳花

先将用过的咖啡滤纸揉搓一下，让它们看上去皱皱巴巴。晾干后剪切成花朵的形状，捏出花瓣，看上去就像真的干花。

在棉棒上蘸取清油，涂抹整个花瓣。

切好形状后，捏在一起

Room 13 ◆

古老乡村风
的房间

简介 敏森裕子的家

敏森的房间十分朴素，让人想起久远的乡村生活。
古风道具与温暖的天然素材杂货，酝酿出温馨气氛。随
意摆放的绿植与木制家具，让人只要身在房间中就不由
自主地深呼吸，真是非常出色的居室。

地点 兵库县

客厅
LIVING ROOM

复古家具与原木材质共存，令人怀念的旧乡村主题

01

02

03

04

01 目之所及的所有家具都经过了DIY

除了深处的小边桌外，所有的家具都是岳父亲手做的。有光泽的复古矮茶几，与绿色的小地毯也十分协调。

02 统一用复古风的灯具、桌子和篮子

将一眼看中的复古灯，安装在原木制成的柱子上。更换复古缝纫机的桌板后，就变成了小桌子。

03 配合复古日式书桌，搭配古器具

在过去的旧桌子下方添置抽屉，改造成日式桌子。摆放复古的书立与台灯，营造怀旧气氛。

04 楼梯下方用木盒子收纳整理

为了喜欢捉迷藏的女儿，专门打造了这个"服装店"般的角落。幼儿园的毛巾与服装等都整理收纳在这里。

01

02

03

04

\ Nice Idea! /

小推车的最上层常被用作料理台。体积较大的根茎类蔬菜随意放置在下方，生活感较强的消耗品用布料遮挡住。

餐厅·厨房
DINING & KITCHEN

01 复古风情的厨房用具采用开放式收纳

将韵味十足的常用厨房用具展示出来，打造乡村厨房的怀旧气氛。

02 将心仪的艺术家制作的容器展示出来

两个旧碗橱模样的DIY餐边柜，用于收纳喜欢的餐具，打造温暖复古的空间。

03 厨房内侧的凳子兼做踩凳

内侧摆放的两张凳子，不仅可以坐下休息，也能用作踩凳。上面印有孩子们的生日。

04 将餐具放入能欣赏到的开放式收纳区

餐厅有着古乡村咖啡馆般的气氛，摆放着喜欢的餐具的架子一览无遗。

儿童房 · 书房
KIDSROOM & STUDY ROOM

01 孩子们的小房间，小巧而舒适

右边是小孩的房间，左边是有着电脑桌的书房。两间房虽然几乎对称，但光照、家具等都不相同，气氛也完全不同。

02 在DIY的Karimoku品牌的宽敞沙发上休息

看起来像Karimoku牌的复古沙发其实是岳父岳母手工制作的。在复古的气氛中，能悠闲放松。

玄关
ENTRANCE

看看内部
← - - -

帐篷与过家家套装玩具，能勾住孩子的心。

专为孩子DIY的成套小桌椅。

掩藏孩子们五颜六色雨伞的伞架是木制的

将鞋箱改造后制作的伞架。伞架高度能掩藏孩子们五颜六色的伞。

Room14 ◆

与古器具相伴
的房间

简介　渡边泽佳的家

　　这是一个流动着舒适的空气、摆放着古器具与杂货的空间。渡边的房间明明没有多余的装饰物，却处处都能体会到生活的质感。以茶色系家具为基础，选用白色与黑色的物品。为了减少压迫感，他拆除了两个房间的门，让房间打开成为家人的放松空间。

地点　大阪府

餐厅·厨房
DINING & KITCHEN

◆

触感极佳的生活，有心仪的古器具相伴

◆

01

02

03

04

01 随意放置花枝与铝制的古器具

房间里四处都摆放着鲜切枝装饰品、铝制生活杂货等。将它们摆在外面，容易取用。

02 用印度棉隐藏不想展示的收纳区

用布料隐藏看上去稍显凌乱的搁板下方。选用柔软的印度棉，不会干扰屋内气氛。

03 质感优渥的家具消除房间的压迫感

餐厅里有着整套高品质的桌椅。将其摆放在窗边，与稳重的餐边柜形成对比，让房间看上去更宽敞。

04 清扫工具等常用物品也可以开放式收纳

清扫工具与提包等频繁使用的物品，都选用开放式收纳。需要用的时候，能一目了然地看见放在哪。

06

05

08

07

看看内部

← - - -

历经日晒、磨损等沧桑变化，让人产生遐想的带盖木箱。

将金属餐具等放入烧杯、玻璃瓶中，看上去十分美丽。

05 **活用树木质感，DIY的矮桌**

为了搭配低矮的椅子，自己制作了长桌子。安定含蓄的树皮质感，与棕色基调的房间也十分搭配。

06 **在水槽上方放一块木材，专门用来沥水**

利用做手工时多余的木材，在放洗菜篮子的地方稍下功夫，非常实用。

07 **选择便于取用的开放式收纳，放置料理器具**

搁板上摆放着一列厨房器具。为了便于取用，排成一列放置。

08 **用外观漂亮的树脂类隔板收纳餐具**

使用无印良品的树脂隔板，收纳碗橱中盘子等较重和难取用的。透明的外观十分漂亮。

专栏 4

Storage & Clean up

收纳的秘诀

在这里我们为大家介绍，如何将房间的
装饰与收纳结合起来，好看又方便
整理的收纳小秘诀。

客厅・餐厅

rule 1 衣物挂起来，打造商店风陈列

每日替换的衣物收纳在开
放式的衣架上。但是，难以与
室内装饰协调的过于艳丽的服
饰，最好收纳在抽屉中。帽子
与包等小物件，收纳在挂钩上
也便于取用。

活用墙壁，收纳整理杂货和小物 rule 2

装饰着心仪杂货的一隅，最好采用不影
响日常生活的壁挂式收纳。使用频率较高的
桌子与电视柜上，尽量什么都不要放置。

专栏

rule 3 木制箱子全都由自己制作

英文书模样的木箱子实际上是 DIY 的。只需要在文件盒的外侧平贴上打过蜡的木板，就能变成复古风的室内装饰。

选择朴素、简洁类型的家电，是不干扰室内装饰的关键。引人注目的吸尘器、冰箱等生活家电，尽量挑选看上去就像装饰品的类型。说不定在旧货商店里能和它们有命运的邂逅。

rule 4 选择像装饰品一样的家电

rule 5 选用相同的盒子与搁架，营造统一外观

并列放置数个盒子、搁架等简洁物品。在外观上营造统一感。因为都是统一的外观，今后遇到收纳不足的情况也可以再添置一两个盒子，这也是优点之一。

rule 6 彩色与灰色调搭配的餐具，放置于开放式收纳柜中

在开放式餐具柜等客人也能看见的地方，要对餐具和厨房用具进行颜色以及素材的搭配。拥有统一感的成套餐具，简单整理好就能变为漂亮的开放式陈列品。

rule 7 一定要对生活感十足的袋子进行更换

用不会让人留意的袋子、瓶子等，代替日常生活感十足的食品包装袋。有些物品放入橱柜很容易被遗忘，但如果专门为它们设计一个专门的摆放位置，每次只需要找到位置，就能马上取用了。

购物常用的袋子，通常使用频率较高，放置在无法立即取用的位置，会给人造成额外的压力。不妨在橱柜一侧、冰箱等处添置挂钩，将包挂在容易拿到的位置吧。

rule 8 将常用的包挂起来

rule 9 利用墙壁，将卫生间的收纳能力变成原来的两倍

将附着在墙上的隔板利用起来，隔板上的死角空间也能随之得到有效利用。毛巾等放在含水汽较多的卫生间里，要尽量使用开放式收纳。不擅长 DIY 的人，可以使用吊杆等方式。

rule 10

卷起浴巾，营造宾馆风

将浴巾卷起来收纳，外观漂亮，也容易取用。若能统一毛巾的颜色就更完美了。

rule 11 用大小几乎相同的瓶子分装种类繁多的小物品

化妆品等物品因为种类多，经常显得繁乱，不妨用瓶子等进行收纳。选用相同的透明容器进行收纳陈列，剩余的量也一目了然。

rule 12 水池周边物品悬挂起来，提高打扫效率

利用搁架，将可能沾上水的物品悬挂起来，尽量不放在台面上，告别湿嗒嗒的状态，打扫起来也会变得更轻松。

专栏

"我的居住美学"书系

不用收拾就整齐：
越住越舒适的家居设计秘诀
ISBN：9787122289315

不用收拾就整齐2:
一劳永逸的收纳和装修设计
ISBN：9787122376299

全球好物装我家：
你不可不知的经典设计
ISBN：9787122372451

小房子，与刚刚好的生活：
日本小户型装修改造攻略
ISBN：9787122383556